爱上科学

Science

U0167732

123456789

My Path to Math

我的数学之路

数学思维启蒙全书

第2辑

罗马数字和序数 | 使用计算器 | 估算

■ [美] 克莱尔 · 皮多克（Claire Piddock）等 著

阿尔法派工作室 李婷 译

人民邮电出版社

北京

图书在版编目（CIP）数据

我的数学之路 ：数学思维启蒙全书. 第2辑 / (美)
克莱尔·皮多克 (Claire Piddock) 等著 ; 阿尔法派工
作室，李婷译. -- 北京 ：人民邮电出版社，2022.5(2022.11重印)
（爱上科学）
ISBN 978-7-115-56078-0

Ⅰ. ①我… Ⅱ. ①克… ②阿… ③李… Ⅲ. ①数学一
少儿读物 Ⅳ. ①01-49

中国版本图书馆CIP数据核字(2021)第045526号

内 容 提 要

数学思维启蒙系列图书，由多位美国中小学的数学教师、教育者共同撰写。本系列图书共 3 辑，本书为第 2 辑，共 3 册，每册分为不同的数学知识主题，包括罗马数字和序数，直线、线段、射线和角，折线、条形和扇形统计图，应用题等。书中用日常生活案例讲解每个数学知识，配合彩图，生动易懂，能够帮助孩子进行数学启蒙，激发学习数学的兴趣，同时培养数学思维。每章的最后还配有术语解释，有助于孩子理解数学术语。

◆ 著　[美]克莱尔·皮多克（Claire Piddock）等
译　阿尔法派工作室　李 婷
责任编辑　宁 茜
责任印制　彭志环

◆ 人民邮电出版社出版发行　北京市丰台区成寿寺路 11 号
邮编　100164　电子邮件　315@ptpress.com.cn
网址　https://www.ptpress.com.cn
北京博海升彩色印刷有限公司印刷

◆ 开本：690×970　1/16
印张：14.75　2022 年 5 月第 1 版
字数：154 千字　2022 年11月北京第 2 次印刷
著作权合同登记号　图字：01-2017-7472 号

定价：99.00 元（全 3 册）

读者服务热线：(010)81055339　印装质量热线：(010)81055316
反盗版热线：(010)81055315
广告经营许可证：京东市监广登字 20170147 号

目 录
CONTENTS

罗马数字和序数

使用计算器

估算

罗马数字和序数

XI

娱乐时光

艾比和本打算和爸爸妈妈去游乐园。艾比想尝试过山车，而本想去看魔术表演。

本问：“我们有多少时间？”本看了看售票厅上方的时钟，表上显示的不是数字，而是他看不懂的符号！爸爸解释说那些符号被称作**罗马数字**。

在罗马数字中，这些符号代表了数字1~12。

拓展

观察这个钟表。在数字5的位置上是哪个罗马数字？在数字10的位置上是哪个罗马数字？

魔术！
表演！
今天！
表演时间：
Ⅰ－下午1：00
Ⅱ－下午2：00
Ⅲ－下午3：00

XI

罗马数字和阿拉伯数字

罗马数字是很久之前的一套数字系统，这个系统使用7个字母：I、V、X、L、C、D和M。字母可以单独使用，也可以组合使用，来表示不同的数值。

在我们的数字系统中，我们使用10个阿拉伯**数字**：1、2、3、4、5、6、7、8、9和0。数字可以单独使用，也可以组合使用，来表示不同的数值。

拓展

下一页中的哪些罗马数字组合起来最接近你的年龄呢？

▼罗马数字中没有表示0的**符号**。

罗马数字

I = 1

V = 5

X = 10

L = 50

C = 100

D = 500

M = 1000

XI

几点了

本不认识钟表上的罗马数字，但他很想知道它们代表什么。爸爸给了本一点提示，他向本展示了自己的手表，手表显示现在10点了。

表盘上的罗马数字和手表上的阿拉伯数字代表相同的含义。本明白了罗马数字X代表10。

X=10

拓展

如果现在是10:00，一小时后是几点？到那时，时针将指向哪个罗马数字？

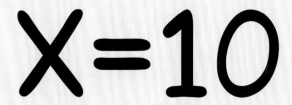

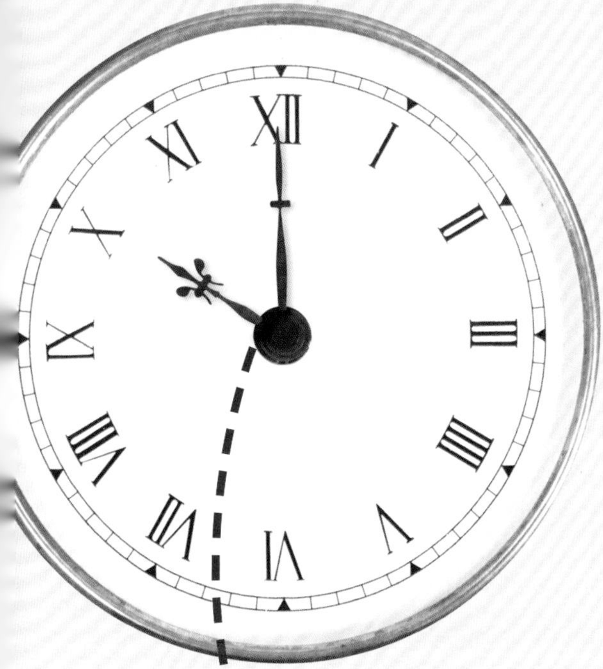

◀ 时针指着哪个罗马数字？

电子表使用阿拉伯数字显示时间。▶

XI

数字艺术

爸爸说我们平时使用的阿拉伯数字都是用**位值**记数法表示的。当我们看到数字11时，我们知道这个数字表示1个10和1个1。

罗马数字表示一个数的方式与我们平时使用的不同。我们要用另一种方式读罗马数字。我们从左到右读罗马数字，如果某种罗马数字重复出现，我们就运用**加法**，把重复的数字加起来就可以得出这个数字。

Ⅰ代表1。

Ⅱ代表2，因为1+1=2。

Ⅲ代表3，因为1+1+1=3。

拓展

当罗马数字自身重复出现时，我们运用加法。罗马数字XX代表10+10，所以罗马数字XX表示的阿拉伯数字是多少呢？

根据第9页的钟表，尝试写出罗马数字1~12。

XI

倒数

本在罗马数字Ⅰ、Ⅱ、Ⅲ中看到了规律，Ⅰ被重复使用。但本不明白为什么Ⅳ是不同的。为了解释这个问题，爸爸指向碰碰车，只见5辆车在门口排成一行。他说："我们一人一辆碰碰车，一共需要4辆车，4比5少1。4怎么用罗马数字表示呢？"

爸爸解释说，我们这时要运用**减法**来表示罗马数字。当一个罗马数字中较小的数字在较大的数字前面时，我们要用较大的数字减去较小的数字。换句话说，我们从较大的数字开始往回数。

Ⅰ＝1，并且Ⅴ＝5

Ⅳ意味着：比5少1。

所以，Ⅳ＝4。

Ⅰ＝1，并且Ⅹ＝10

Ⅸ意味着：比10少1。

所以，Ⅸ＝9。

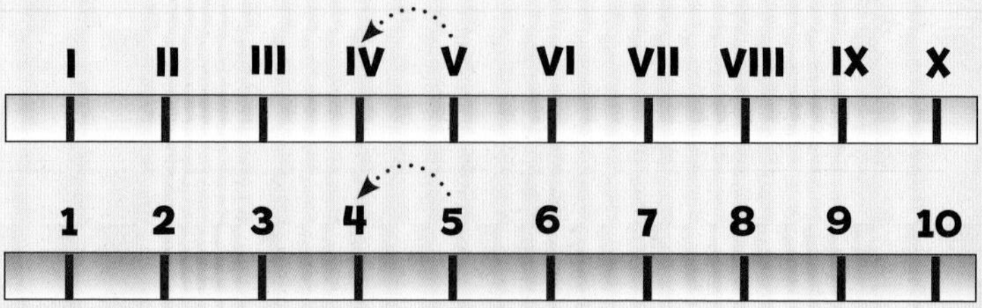

一共需要Ⅳ辆车。Ⅳ比Ⅴ少1。

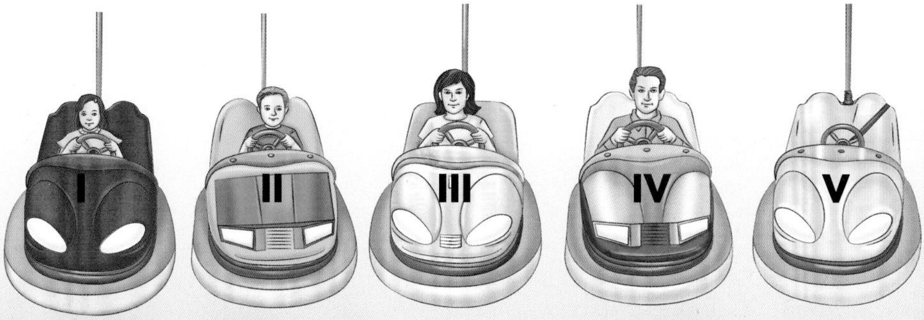

一直数

本和艾比在碰碰车上玩得很开心，之后他们去激流勇进项目排队。队伍里，有6个人在他们前面。在罗马数字中，数字6写作：Ⅵ。

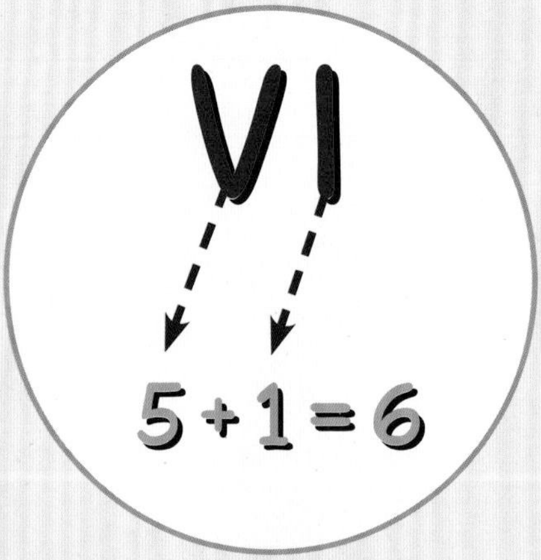

罗马数字Ⅴ比罗马数字Ⅰ大。当一个罗马数字中较小的数字跟在较大的数字后面时，我们就把它们加起来。当我们读Ⅵ时，我们可以想这个**等式：**5+1=6。

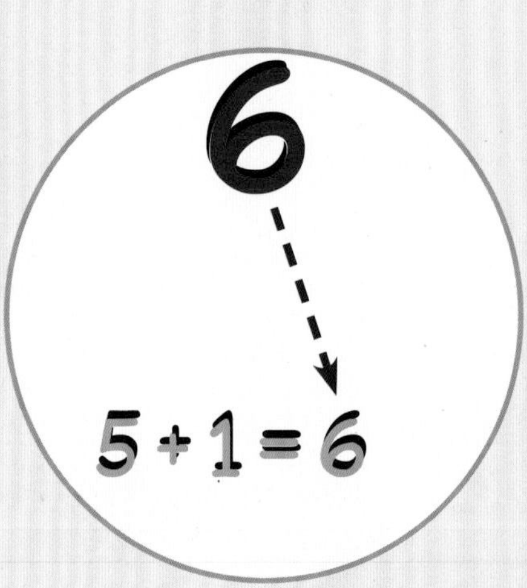

拓展

把Ⅷ写成一个等式，然后把Ⅺ写成一个等式。

图片中有多少个人？用罗马数字该怎么表示？

XI

遵守顺序

本一家人按照特定的顺序搭乘过山车。**序数**帮助我们展示事物的顺序。序数表示一个**组合**中事物的顺序。中文中的序数通常是在数字前面加“第”，英文中的序数可以被缩写成一个数字后面跟两个字母的形式。

在第6辆车上有几个人？ ▶

拓展

数字19后面加上哪两个字母可以表示英文中第十九的意思呢？

观察下图英文中的序数词的缩写形式，你发现其中的规律了吗？

第一（first）=1st

第二（second）=2nd

第三（third）=3rd

XI

接下来是什么活动

游乐园里好玩的项目太多了！所以他们需要仔细地规划一下各个项目的游玩时间，地图可以帮助他们制定出参观公园的最佳顺序。

妈妈列出了他们想做的事情，并用序数写下行程安排。

第一——碰碰车

第二——激流勇进

第三——过山车

第四——游戏厅

第五——午餐

第六——魔术表演

拓展

请看下一页，这是一张游乐园的地图。现在，对照妈妈列出的行程安排，你能说出一家人在玩过激流勇进项目后，他们想要去哪里吗？

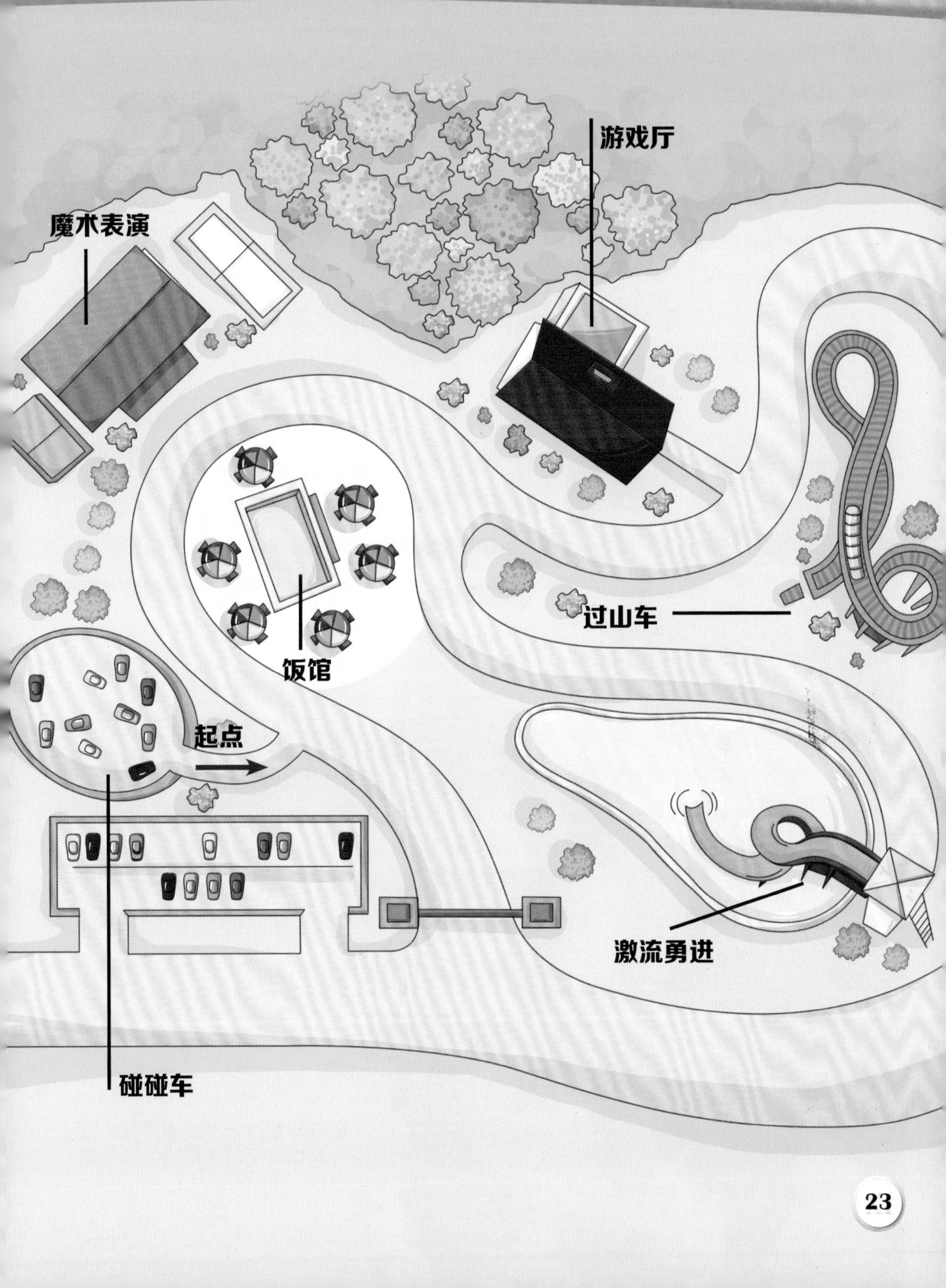
游戏厅
魔术表演
过山车
饭馆
起点
激流勇进
碰碰车

XI

汇总

在公园里，我们可以找到很多罗马数字和序数。

艾比和本玩钓鸭子游戏。艾比在第三次尝试时成功钓到了一个小鸭子玩具。

本在投环游戏中获得了一等奖，他的奖品是表盘上标记着罗马数字的手表。妈妈让本用他的新手表报时，本看了一眼，说现在是12:00，吃午餐的时间到了！

◀ 今年是本上学的第二年，是艾比上学的第四年。今年是你上学的第几年？

◀ 他们在看到的第一辆汉堡包餐车前停了下来。

本投出的前4个圈错过了瓶子，他投出的第5个圈成功套住了瓶子，太幸运了！ ▶

◀ 中午，时针和分针都指向了Ⅻ。你可以利用接下来的术语解释复习罗马数字和序数的规律。

术语

加法（addition） 两个或更多的数字组合得到更大的数字。

数字（digit） 表示数目的符号，如0、1、2、3、4、5、6、7、8和9。

等式（equation） 表示两个数或两个式子相等的算式，两个数或两个式子之间用等号连接的式子。

序数（ordinal number） 表示次序的数。

位值（place value） 基于数字在整个数中的位置，每一位数字在整个数中具有的价值。

罗马数字（Roman numeral） 一种字母符号系统，用不同的罗马字母代表不同的数。

组合（set） 在集合中的事物。

减法（subtraction） 通过从一个数中减去另一个数来得到差的计算方法。

符号（symbol） 代表某物的记号或标记。

使用计算器

数学礼物

安妮一家正在聚会。爷爷送给她一个特殊的礼物——**计算器**。爷爷知道安妮喜欢数学。

计算器是人们用来辅助**解决**数学计算问题的一种工具。

拓展

你能讲讲你上一次使用计算器是用计算器干什么吗？

安妮一直希望能有一个属于她自己的计算器。

计算器

爷爷告诉安妮，计算器可以用来解决涉及数字较大的计算问题，也可以用来解决涉及大量数字的计算问题。

你可以使用计算器来验算答案。首先，在纸上或在脑中解决问题并得出答案。最好是先心算，然后用你的计算器验算答案是否正确。

拓展

看这道题：4+1=____

你会使用计算器来解决这道题吗？

为什么？请说出你的理由。

你在纸上算的题越多，你心算的速度就越快。

部件和功能

安妮在计算器上看到了一个小屏幕和许多带有数字或**符号**的按钮。安妮的爷爷给她介绍了每个按钮以及它们各自的**功能**。

爷爷让安妮按一下“开/关”（ON/C）按钮，安妮按了，屏幕显示出“0”（数字0）。当屏幕显示数字时，就表示计算器可以进行计算了。

她找到了**加号**（+）按钮。

她也找到了**除号**（÷）按钮。

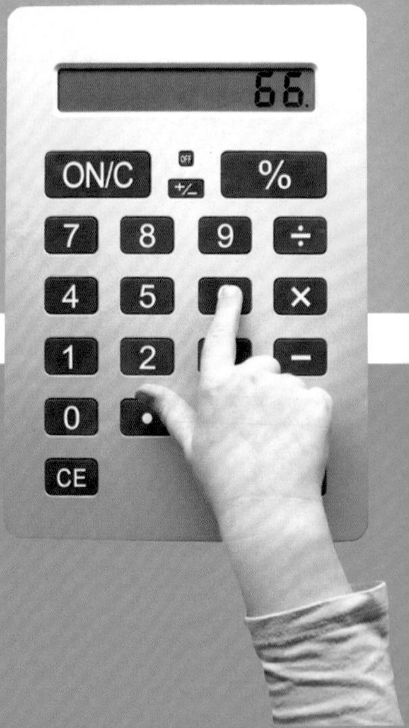

拓展

你在你的计算器上看到了什么？你能找到代表**相乘**的按钮吗？

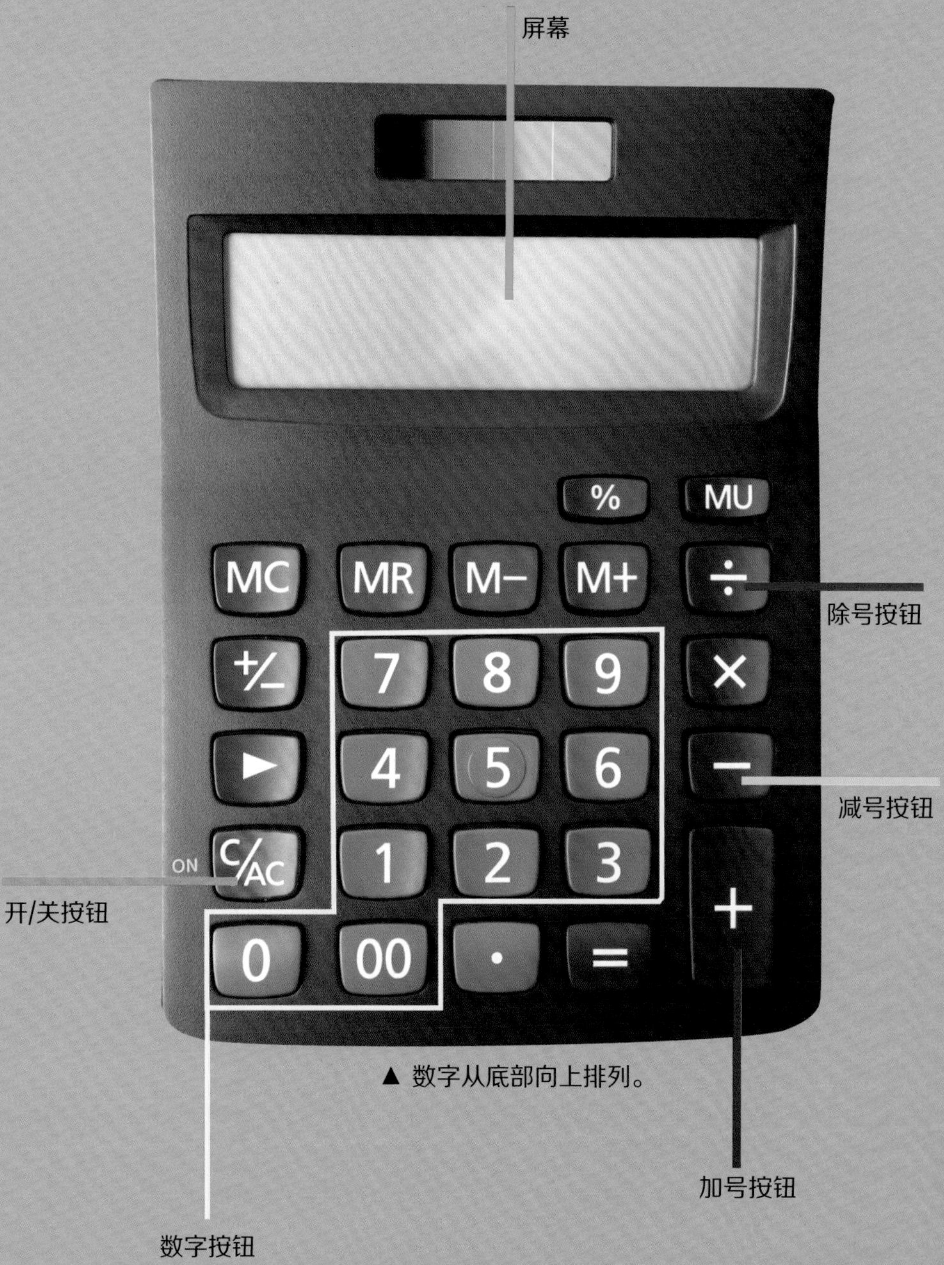

屏幕
%
MU
MC
MR
M−
M+
÷
除号按钮
+/−
7
8
9
×
4
5
6
−
减号按钮
ON
C/AC
1
2
3
+
开/关按钮
0
00
·
=
加号按钮
数字按钮

▲ 数字从底部向上排列。

加法

安妮的爸爸为这次聚会买了一些气球。安妮看到5个黄气球、7个红气球和8个绿气球。她想知道爸爸总共买了多少个气球。

安妮用铅笔和纸来解决这个问题。她把所有的气球都画在这张纸上，然后把它们加起来。之后，她用计算器验算她的答案。

5+7+8=20（个）

她得到的答案是20。

她是正确的！

拓展

试着用铅笔和纸来解决这个问题，然后用计算器验算你的答案。有4个黄气球、3个红气球和2个绿气球。一共有多少个气球？

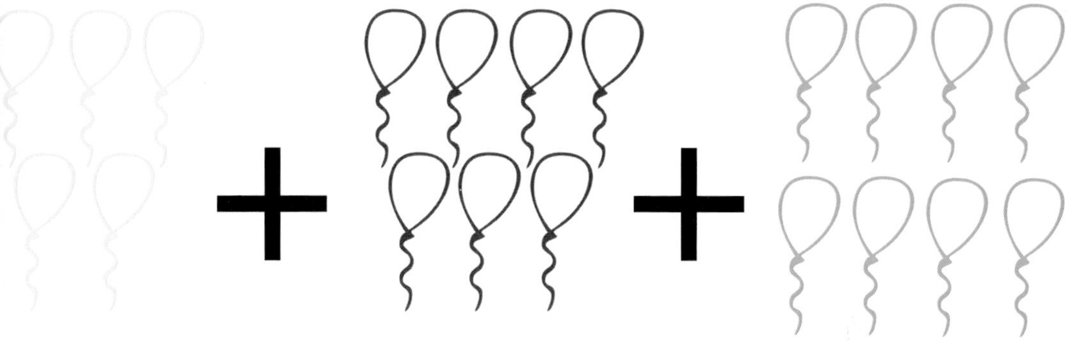

= 20

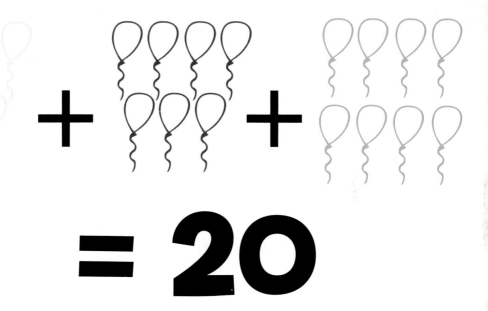

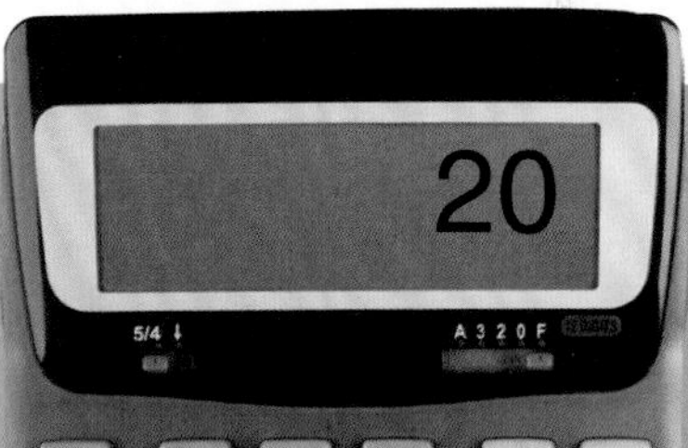

当你想知道答案的时候，需要按“=”（等号）按钮。

等号按钮

减法

为聚会准备食物的时间到了。安妮知道盘子里一共有24块饼干。她的爸爸和爷爷一共吃了9块饼干，她想知道盘子里还剩多少块饼干。安妮开始从24往回数。

23、22、21、20、19、18、17、16、15！

安妮的爷爷告诉她可以用计算器验算她的答案，安妮按下计算器上的按钮进行计算。

24-9=15（块）

数字15出现在屏幕上。她又算对了。

拓展

想象有36块饼干，你的家人吃了11块。在你的脑海中从36往回数，需要往回数11次，然后用计算器验算你的答案。

36 - 11 = ____

24-9=15

探索模式

安妮的爸爸向她展示如何用计算器看数字**模式**。学习数字模式就像玩游戏一样。

他让安妮选择一个数字。安妮选择了数字4，并且在计算器上按下对应数字的按钮。接下来爸爸让安妮按下加1，然后按下等号。安妮看到答案是5。

4+1=5

爸爸让安妮一直按等号。计算器上的数字一直改变。

6、7、8、9、10!

每次她按等号时，答案的总和就加了1。在这里，每按下一次等号，就可以让答案再加1。这种模式的规则是加1。

你周围充满了要计数、相加和相减的事物。

拓展

试着把下面这些数字相加，接下来就像安妮做的那样，按5次等号按钮。你注意到这些模式的规则分别是什么了吗？

2+2　　　5+5　　　10+10

估算

安妮有一只3岁的狗，名叫毛毛。妈妈说狗的寿命的1年相当于人的寿命的7年。她问安妮：“以人类的寿命来看，毛毛多大呢？”

安妮运用她所知道的信息进行**估计**。她知道把5加3次等于15。因为7比5大，所以她知道答案一定大于15。她估算以狗的寿命来看，毛毛的年龄大概相当于人的20岁。然后她用计算器检查她估算的答案是否正确。毛毛3岁。所以安妮把7加了3次，一次代表1岁。

7+7+7=?

以人类的寿命来看，毛毛21岁了！

安妮估算的毛毛的年龄（相当于人的年龄）很接近正确答案！

拓展

先估算一只5岁的狗如果以人的年龄来看是多少岁，再用计算器验算你的答案。你的答案接近正确答案吗？

有趣的计算

安妮的爷爷说把7加3次的答案和7与3相乘的答案是一样的。安妮在计算器上尝试了乘法计算。

7×3＝21（岁）

以人类的寿命来看，毛毛21岁了！安妮之后做了一个关于她家人的年龄的**调查**。

姓名	爸爸	爷爷	安妮	妈妈
年龄	42	63	7	40

毛毛比安妮大，但是比家里的其他人小，至少按照“狗的寿命的1年相当于人的寿命的7年”这个说法来看是这样的！

拓展

你能想到一种有趣的方式来使用你的计算器吗？
和朋友分享你的想法吧！

当你熟悉了乘法后，你会发现它很有趣。

得到答案

安妮喜欢她的新计算器。她知道计算器可以在多种场合中使用。她可以用计算器解决问题、验算答案、学习模式和享受乐趣。

接下来，安妮尝试用计算器做除法。安妮帮助妈妈做了28个三明治。聚会时有14个客人。每个客人平均可以吃几个三明治呢？如果安妮用三明治的数量除以客人的数量，她就可以得到答案。

28÷14=2（个）

每个客人平均可以吃2个三明治。

看看接下来的术语解释，想想计算器可以帮助你解决哪些问题。

术语

加法（addition） 将两个或更多的数字合并进而得到更大的数字。

计算器（calculator） 可以被用来辅助人们解决数学问题的小型计算工具。

除法（division） 数字被分成许多个等份的数学运算。

估计（estimate） 有根据地猜测或做出有根据的猜测。

功能（function） 某物所具备的或能发挥的作用。

相乘（multiply） 进行乘法运算；几个相同数连加一定次数的简便算法。

模式（pattern） 重复的标准样式。

解决（solve） 处理问题，找到答案。

调查（survey） 为了了解情况收集信息。

符号（symbol） 代表某物的记号或标记。

估算

比赛

斯玛去了文具店，店里的指示牌上写着：“估对橡皮数，赢走文具多！”

斯玛想赢得这个**比赛**，就必须去猜罐子中的橡皮数量，所猜数目与真实数目最接近的人将会赢得比赛。斯玛开始研究这个罐子。她要如何才能猜到正确的数目呢？

你看到了多少块橡皮？

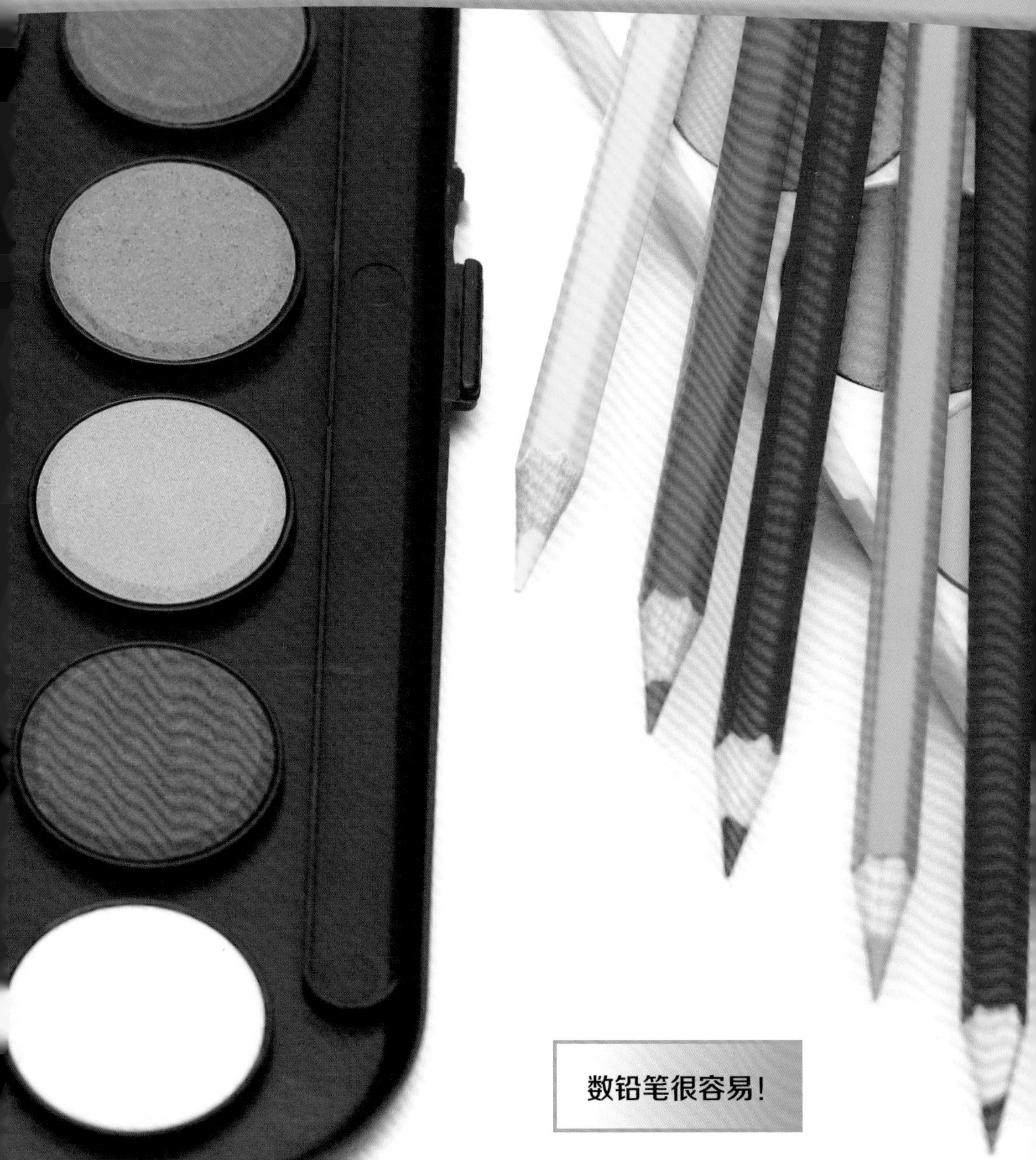
数铅笔很容易！

估算

斯玛需要**估算**一下。

估算就是合理的猜测。你可以估算一下自己两只手能握住多少块橡皮。看看橡皮的大小，有些人做出的猜测是：10块橡皮。

拓展

一只手可以握住多少根铅笔？估算一下，然后验证你的估算。

你能握住多少
块橡皮?

为什么我们要估算

有时候，斯玛知道**确切的**答案。比如她的家人有几个就是有确切的答案的。

其他时候，斯玛仅仅能做出一个**合理的**猜测。有多少个孩子在她的学校上学？那是一个很大的数，也是一个一直在变动的数。她的答案将会是一个合理的猜测。

你能确切地说出你家里有几口人吗？

你的学校里大约有多少人？

制作模型

斯玛家里也有罐子和橡皮，她将要做一个**模型**。

模型就是对某物的复制。在数学中，模型是一个问题的复制。斯玛回到家，她把25块橡皮放在罐子里，她的罐子要比店里的小。但是，制作模型有助于她思考问题，模型也有助于她估算答案。

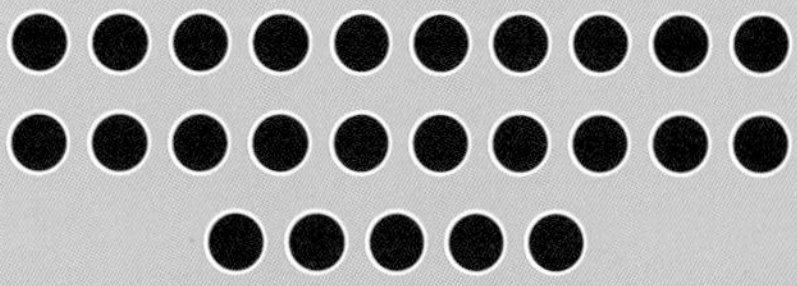

每个点代表1块橡皮。
数一数点的数量。

接近正确

斯玛的罐子装下25块橡皮后，还有剩余空间。她认为，她如果有两个罐子，两个罐子的容量之和接近店里的罐子容量。那么，店里的罐子可以容纳多少块橡皮呢？为了得出答案，斯玛需要把两个罐子里的橡皮相加。

斯玛的两个罐子的容量接近，但并不**等于**大罐子的容量。她把两个25块橡皮相加后又加了10块橡皮。因为她认为两个25太少了，毕竟，她的罐子在装下25块橡皮后，还有剩余空间呢！

拓展

如果每行画5个点，一共画5行，那么一共画了多少个点？此时以5为间隔，**跳跃计数**（5，10，15……）就能得出一共画了25个点。然后再画5行，还是每行5个点。这时对所有点进行跳跃计数，你能得出一共画了多少个点吗？

斯玛又加了10个。

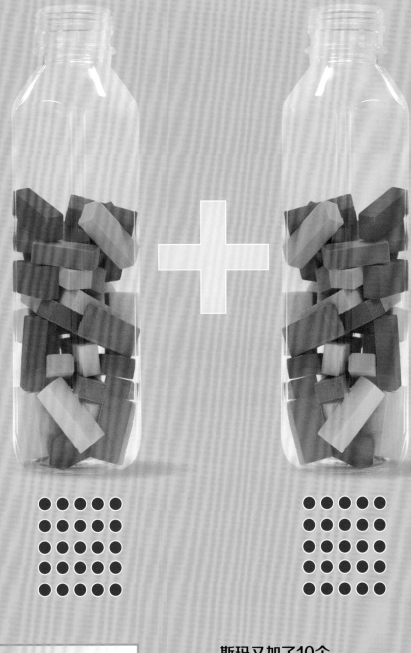

你可以通过在纸上画点来数出25+25的和。

分层

斯玛回到店里，她再次近距离观察了罐子里的橡皮，并仔细观察顶部的一层橡皮。

斯玛正在观察橡皮的顶部一**层**橡皮。这层橡皮里有多少块？斯玛一个个数出顶部的橡皮数量。

拓展

层可以是你正在估算的事物的任何部分，它可以在顶部、底部或侧面！想想你可以运用分层的方法做什么。

如果事物看起来像图中这样整齐排列的话，数起来是比较容易的！

扩展层

一层在另一层之上。一共可分为几层？斯玛观察罐子的边缘，来看罐内有几层。那样的话，她可以运用**分层**的方法来估算。

确定一层中有多少块橡皮，然后确定这一整罐中有几层。

图中所示的方框就是斯玛在估算的过程中所选的那一层。

进一步数数

斯玛数了罐子里其中一层的橡皮数量，这一层大约有15块橡皮。

她又数了数层数，罐子中的橡皮大约有6层，所以她要把1～15数上6次。她运用在纸上画圈的方法帮助自己数出较大的总数，得到的数量是90。

拓展

你认为现在罐子里有多少块橡皮？

斯玛总共数出了6层。

斯玛赢了吗

斯玛等着文具店公布冠军的那一天，她已经努力做到最好了。

有3个人做出了接近正确答案的猜测，谁的猜测更接近正确答案，谁就是冠军。

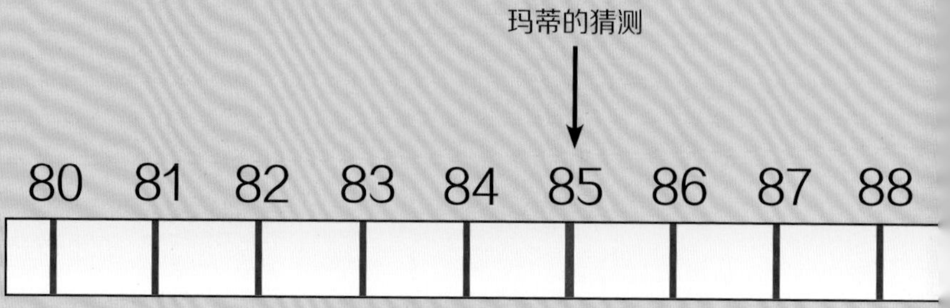

拓展

斯玛赢得竞赛了吗？

斯玛认为罐子里有90块橡皮。

塞思认为罐子里有99块橡皮。

玛蒂认为罐子里有85块橡皮。

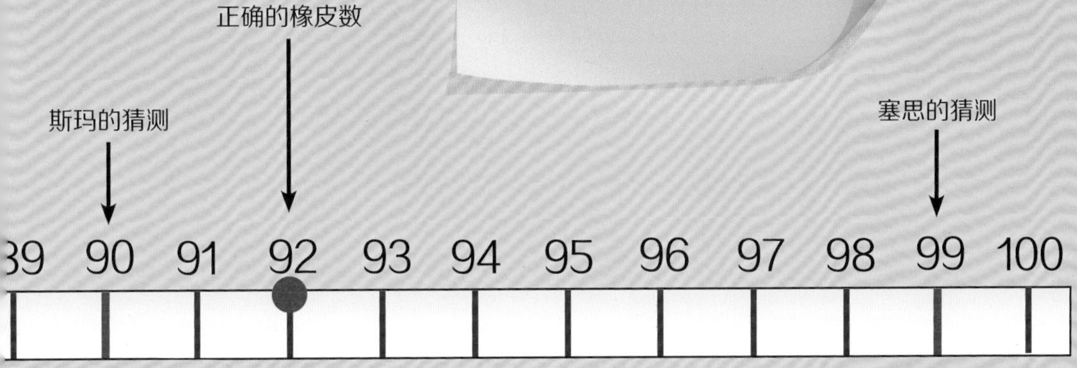

术语

层（chunk）　整体中的一部分。

分层（chunking）　依靠找出整体中的部分来估算总量的方法。

比赛（contest）　存在一个获胜者的游戏或活动。

等于（equal）　某数量跟另一个数量相等。

估算（estimate）　根据已知情况，对事物的数量进行的合理猜测。

确切的（exact）　精确的或准确的。

模型（model） 按顺序展示的一个问题的复制品或一个实例。

合理的（reasonable） 合乎道理的，有道理的。

跳跃计数（skip count） 以除了1之外的数为间隔来数数，如5、10、15、20等。